ANALYSE CHIMIQUE

DES

EAUX MINERALES

DE DIGNE.

ANALYSE CHIMIQUE

DES EAUX MINÉRALES

DE DIGNE,

Par LAURENS, Pharmacien à Marseille,
Membre de plusieurs Sociétés savantes.

Vade, lava in natatoria siloë.
Abiit ergo, lavit, et venit videns.

A MARSEILLE,

De l'imprimerie de RÉQUIER, rue St. Ferréol, n° 22.

AVRIL. — 1812.

A

Monsieur DUVAL,

PREFET DES BASSES-ALPES.

———— • ————

Monsieur le préfet,

Je dédie cet opuscule au Magistrat éclairé, ami et protecteur des Sciences.

Daignez l'agréer comme un hommage de mon profond respect.

LAURENS.

ANALYSE CHIMIQUE

DES

EAUX MINÉRALES

DE DIGNE.

On n'ignore point que les eaux minérales de Digne jouissent d'une grande célébrité. Cette célébrité se maintient depuis plus de vingt siècles, et en attestant les avantages que ces eaux offrirent toujours à l'homme souffrant, elle nous rappèle la fiction poétique des anciens, qui comptèrent les eaux minérales au nombre des bienfaits de la nature, et firent de leurs sources le séjour de divinités tutélaires.

Plusieurs auteurs anciens ont traité des eaux de Digne. *Ptolomée* (1) parle de ces eaux minérales. *Pline* (2) en fait aussi mention; mais, au

(1) Liv. 3, chap. 10.
(2) Liv. 3, chap. 4.

A

rapport de quelques auteurs, c'est sur-tout dans les douzième et treizième siècles qu'elles furent très-fréquentées par les grecs, les italiens, les espagnols, les anglais et les allemands. *Gassendi* a décrit les bains de Digne (3); il a désigné, d'après les médecins qui l'ont précédé, les diverses maladies où ces eaux peuvent être utiles. Dans plusieurs ouvrages modernes, et publiés à des époques peu éloignées de nous, nous trouvons également des observations sur les eaux qui nous occupent. *Bouche* leur assigne une place dans son Histoire de la provence (4). *Darluc* les examine sous le rapport chimique (5). Enfin, la plupart des auteurs de matière médicale ont classé les eaux de Digne au nombre des eaux minérales qui offrent des avantages précieux à l'art de guérir.

Si l'on jette un coup-d'œil sur ces divers travaux, il est facile de se convaincre que l'observation médicale en est le principal objet, et qu'ils laissent conséquemment beaucoup à désirer dans l'état actuel de nos connaissances. On n'a pu, en effet, prononcer jusqu'à ce jour sur la

---

(3) *Notit. eccles. diniens.*

(4) Liv. 4, chap. 5.

(5) Hist. nat. de la Provence, tome 2.

nature des substances qui minéralisent les eaux de Digne. Aucune expérience rigoureuse n'a été faite pour déterminer la présence de tous les composés que l'analyse peut y découvrir. On n'a rien avancé de bien certain à l'égard de ces mêmes composés qu'on y a annoncés ; de là, l'impossibilité où l'on a été de classer exactement ces eaux minérales si justement célèbres. La description de leurs propriétés médicinales et leur efficacité dans plusieurs maladies inspirent sans doute un bien vif intérêt, mais il n'est pas moins vrai que leur analyse, en nous fesant connaître les principes dont elles se composent, doit nous offrir un intérêt nouveau. L'observation chimique doit éclairer ici l'observation médicale ; elle peut jeter le plus grand jour sur les vertus des eaux que la nature minéralise, sur les divers cas maladifs où on peut les employer, et sur ceux où l'on doit en écarter l'usage. C'est dans l'analyse chimique d'une eau minérale que le médecin trouve une formule dont les matériaux le dirigent dans l'emploi qu'il se propose d'en faire. Jettons un coup-d'œil sur l'énoncé des substances qu'on a admises dans les eaux de Digne.

Selon *Darluc*, une livre d'eau minérale de Digne contient 54 grains d'une matière saline qui se compose de 40 grains de sel marin, de

10 grains de sélénite et de 4 grains d'une terre absorbante. Il y existe encore, d'après lui, un composé gazeux auquel il donne le nom d'acide sulfureux volatil. *Darluc* ajoute que les eaux de Digne contiennent du foie de soufre, et il les classe conséquemment parmi les eaux minérales hépatiques (6). Au rapport de *Ricavi* (7), on trouve dans les eaux de Digne les substances salines désignées par *Darluc*. *Ricavi* parle aussi du soufre qui y existe, mais il n'indique point l'état dans lequel il s'y trouve. Si l'on consulte l'analyse qu'en a fait *Duclos* de l'académie des sciences, ces eaux minérales soumises à plusieurs essais n'ont présenté aucun effet qui ait décélé l'existence du soufre. Telle est encore l'opinion de divers auteurs qui se sont occupés de leur analyse chimique ; mais, *Darluc* a observé, et avec raison, qu'on ne pouvait compter sur un pareil résultat fourni par des analyses faites sur des eaux transportées loin de leur source.

Un tel apperçu sur les eaux minérales de Digne ne peut être satisfaisant ; il démontre même la nécessité d'interroger de nouveau l'expérience si l'on veut connaître avec exactitude

---

(6) Ouvrage cité, tome 2.

(7) Traité des eaux minérales de Digne.

Ieurs propriétés chimiques. Ajoutons que l'époque à laquelle les analyses de ces eaux ont eu lieu , ne permettait point d'apporter dans les résultats cette précision mathématique qui peut exister dans l'état actuel de la science. Je dois dire pourtant qu'un habile chimiste a fait , il y a quelques années, des expériences sur les eaux de Digne. Je veux parler de M. *Clarion* , pharmacien de Sa Majesté l'Empereur, à St. Cloud. D'après les renseignemens que j'ai pu me procurer , il les a soumises à l'action des réactifs , et il y a démontré la présence du gaz hydrogène sulfuré , du sulfate de magnésie et du sulfate de chaux; mais, M. *Clarion* n'a point terminé son travail , et tous ceux qui depuis lui ont examiné les eaux de Digne , sous le rapport chimique , n'ont rien publié (8).

_____

(8) Un pharmacien estimable, M. C h i r o l, qui s'est particulièrement occupé des eaux de Digne , établit une exception. Il a découvert dans ces eaux minérales la présence de la chaux, de la magnésie , du soufre , de l'alumine , du fer et de l'acide carbonique , substances dont l'énoncé est inséré dans l'un des rapports des travaux de la Société de Médecine de Marseille , imprimé en 1809. Je dois observer que depuis cette époque , à laquelle ces résultats furent publiés à la hâte, M. Chirol a fait de nouvelles expériences qui l'ont convaincu de l'absence du fer dans les eaux de Digne. Cette dernière vérité que j'aurai soin de démontrer bientôt , ne pouvait

Je me propose de faire connaître dans cet opuscule les résultats de l'analyse que j'ai faite de ces eaux minérales. Je jetterai un coup-d'œil topographique sur la ville de Digne et sur l'établissement de ses bains. Je traiterai des eaux minérales en les examinant successivement soit sous le rapport physique , soit sous le rapport des caractères chimiques qu'elles présentent lorsqu'on les soumet à l'action des réactifs , et j'apprécierai ensuite la quantité des substances gazeuses et salines qui s'y trouvent contenues.

COUP-D'ŒIL TOPOGRAPHIQUE

SUR LA VILLE DE DIGNE,

ET DESCRIPTION DE SES BAINS.

Digne , chef-lieu du département des basses Alpes , se trouve placée entre deux montagnes , sur le confluent de deux rivières dont l'une est désignée sous le nom de *Bleoune*. On nomme l'autre *Aiguos caoudos*. Celle-ci qui se joint à la

---

échapper aux recherches de mon collégue , dont le travail présente le plus grand intérèt.

M. Banon , pharmacien en chef de l'hôpital de la marine , à Toulon , a également examiné les eaux de Digne ; mais j'ignore le résultat de ses expériences.

première au-dessous de la ville, reçoit son nom des eaux minérales qu'elle admet dans son lit, et qui l'alimentent en partie. *Bleoune* qui coule près des maisons de Digne vers le nord, prend sa source dans les alpes. Plusieurs torrens et ruisseaux y aboutissent, et ses eaux ainsi grossies se jettent dans la Durance au-dessous du village de Malijai, et très-près des Méez. On trouve encore à Digne une troisième et petite rivière à laquelle on donne le nom de *Mardaris* ; elle se jette dans *Bleoune*, au-dessous et très-près de la ville.

La ville de Digne est fort ancienne. Son existence date d'une époque antérieure à *Pline*, et des récits historiques prouvent que son nom se rattache à diverses révolutions qu'ont éprouvé les empires. Cette ville offre une population de 3500 ames environ. Elle est bâtie en amphithéâtre ; l'air y est sain ; l'hiver très-froid ; les chaleurs de l'été n'y sont point excessives. Elle est entourée de plusieurs montagnes qui sont toutes de nature calcaire : on y trouve abondamment des carrières de sulfate de chaux ; les coquilles pétrifiées et les astroïtes y sont également abondantes. Plusieurs rivières, par leurs fréquens débordemens, rendent son terroir très-siliceux, mais l'industrie le fertilise par les engrais et la culture. Le fer est aussi très-répandu dans les montagnes qui avoisinent la ville de Digne. Plusieurs argiles qu'on y apperçoit contiennent ce métal à l'état d'oxide. La montagne des bains présente sur-tout beaucoup de cornes d'Ammon; c'est encore avec l'oxide de fer que la nature y colore plusieurs objets qui viennent fixer l'attention du naturaliste. Diverses couches calcaires de cette montagne sont inclinées à l'horison; parmi les végétaux qui font disparaître sa nudité, on distingue le seneçon maritime (*senecio matitimus*, LIN.), la scabieuse officinale (*scabiosa arvensis*), la grande joubarbe (*sempervivum tectorum*), le buis (*buxus semper virens*), le chèvre-feuille (*lonicera caprifolium*). C'est au bas de cette montagne qu'on a construit la maison qui recèle la source des bains, et auprès de laquelle croissent encore plusieurs végétaux, tels que la julienne déchirée (*hesperis lacera*), la cendriette des alpes (*cineraria alpina*). Ce local est presque adossé au bas de cette même montagne qui se trouve ici taillée à pic. Une petite cour seulement l'en sépare; exposé au midi, les chaleurs de l'été y sont excessives; son asile tempéré pendant l'hiver y attire sans doute cette quantité de couleuvres qui fixent leur demeure dans les fentes de quelques rochers qui dominent la maison des bains , et que des arbustes recouvrent encore de leur feuillage.

La maison des bains dont je parle est éloignée de la ville d'environ un quart de lieue. Le chemin qui y conduit est spacieux et commode. On parvient aux bains après avoir passé le torrent des eaux chaudes, et en cotoyant toujours la montagne de St. Pancrace , montagne ainsi appelée du nom du saint qu'on y honore d'un culte religieux.

Je ne m'arrêterai point à décrire le site des bains. Je ne parlerai pas de ces lieux agrestes et sauvages qui d'abord viennent fixer l'attention. Je me bornerai à observer que tout ce qu'on y aperçoit n'est que l'ouvrage de la nature : c'est à elle qu'on doit ces objets si variés qui se présentent à l'observateur attentif; elle seule a creusé ces voûtes sombres où elle fait couler sans cesse des eaux salutaires. L'homme ferait un outrage à la nature s'il osait porter le ciseau sur ces lieux dont l'aspect seul fait éprouver un sentiment d'admiration..... Cependant, la maison des bains nous présente ici un contraste; vainement le malade y recherche-t-il ces agrémens dont l'influence sur les maux physiques est si bien connue ; jusqu'à ce jour, l'art semble avoir repoussé tout ce qui aurait pu contribuer à embellir ce lieu qu'il habite. Il est vrai que

la nature oppose des obstacles à son agrandis-
sement, ainsi qu'aux diverses commodités qu'on
désire y trouver ; mais il est possible de triom-
pher de ces obstacles, et qui doute que l'active
industrie ne pût offrir bientôt, au sein de ces
lieux agrestes, le tableau le plus riant (9).

Je vais décrire les divers bains qu'on trouve
à Digne, et énoncer les observations qui se
rapportent à la source des eaux minérales.

L'eau minérale de Digne s'échappe à travers
les fentes de quelques rochers ; elle se divise
sur différens points, et se rend dans les bains
que l'art et la nature ont pratiqués ; elle donne
ainsi lieu à plusieurs sources qui alimentent
ces mêmes bains.

La première source qui se présente est celle
qui fournit de l'eau à une petite fontaine qu'on
trouve dans la cour, et à la base même de
la montagne taillée à pic dont j'ai parlé. Cette
source est destinée à la boisson des malades ;
l'on y peut puiser de l'eau avec beaucoup de
commodité.

---

(9) Je dois dire que depuis deux années, on a construit une digue, afin d'éloigner de la maison des bains
le torrent qui l'avoisine ; on a ainsi conquis sur le lit
de la rivière un espace de terrain assez considérable
qu'on destine à divers embellissemens.

On apperçoit aussi, vis-à-vis la porte d'entrée de la maison des bains, un local voûté
offrant à gauche une porte qui communique
aux étuves et au bain dit de St. Jean ; là existe
une seconde source ; la forme du bain St. Jean
est triangulaire : on y voit plusieurs incrustations,
de la nature desquelles je parlerai bientôt. L'eau
minérale qu'il reçoit est celle qui se rend dans
les étuves ; elle donne naissance à trois douches,
dont la plus grande est haute de deux mètres,
vingt-cinq centimètres. Le bain où parvient
l'eau de ces douches est spacieux. Son sol est
pavé ; on y descend par plusieurs marches,
et la lumière y pénètre à l'aide d'une ouver-
ture qui existe sur l'un des murs du local.

En remontant de la grande douche, on trouve
un petit corridor, à gauche duquel est placée
une porte qui conduit au bain dit de St. Gilles.
Ce bain qui est en face est très-grand. On a
pratiqué diverses marches à son entrée pour la
commodité des malades. Sa voûte presque triangulaire n'est que l'ouvrage de la nature. Cette
voûte est fort élevée à l'entrée du bain, et s'in-
cline vers le fond, où la fente d'un rocher présente une troisième source d'eau minérale.

A côté du bain St Gilles existe celui des Vertus,
bain qui, sans doute, a reçu son nom des effets
surprenans qu'on lui a attribués. On a pratiqué

également un escalier à son entrée pour faciliter l'usage des eaux. La quatrième source qui
l'alimente se jette dans celui de Notre-Dame,
situé dans le même local. Ce dernier bain doit son
existence à l'art. Il reçoit aussi de l'eau minérale
de la seconde source dont il vient d'être fait
mention. C'est dans ce local qu'est placé un autre
bain où l'on peut faire parvenir simultanément
de l'eau froide et de l'eau thermale.

Une autre source que j'ai à désigner est celle
qu'on a découvert, il y a environ six ans, dans
la cour de la maison des bains, et à côté de
la fontaine. Elle fournit de l'eau à la douche
Saint-Henri et au bain Saint-Martin, situés à
gauche, dans un local placé vis-à-vis la source,
et formés depuis plusieurs années par les soins
du propriétaire des eaux minérales. Le bain
St. Martin est placé à côté de celui connu sous
le nom de Ste. Sophie ; il est alimenté, ainsi
que la douche dite de St. Augustin, par l'eau
de la fontaine placée dans la cour. Ce local
a été réparé, et on l'a rendu très-commode
pour les personnes qui veulent faire usage des
eaux.

Je n'omettrai point de parler du bain qu'on
avait destiné pour la princesse Borghèse, lors
de son voyage dans le midi. Ce bain peut re-
cevoir de l'eau minérale de toutes les sources

que je viens d'indiquer ; on y arrive par un grand
escalier bien éclairé. Il n'est point douteux que
ce local ne puisse réunir toutes les commodités
qu'on peut y désirer , si l'on termine les répa-
rations déjà commencées.

Je dois ajouter qu'il existe encore une autre
source au-dessus et à quelques pas seulement
des eaux minérales. L'eau qu'elle fournit est
froide ; on l'utilise en la distribuant dans plusieurs
bains où se rend l'eau minérale chaude ; elle
parvient au bain de Notre-Dame , où l'on peut
ainsi varier à volonté l'état calorimètrique des
eaux dont on fait usage (10).

L'eau minérale de ces diverses sources se
réunit dans la petite rivière voisine, sur les bords

---

(10) Si l'on examine attentivement cette eau minérale , l'analyse y démontre diverses substances salines
qui existent également dans l'eau minérale chaude. Les
réactifs à l'action desquels je l'ai soumise m'ont prouvé
qu'elle contient des sels alcalins , calcaires et magnésiens.
La présence du gaz hydrogène sulfuré y est aussi très-
sensible. L'odeur que ce gaz communique à l'eau est
cependant moins prononcée que celle qu'exhalent les eaux
minérales chaudes. Cette différence n'est pas seulement
l'un des effets que produit la température variée des
deux liquides , mais elle dérive encore de la quantité
de gaz hydrogène sulfuré qui est moindre dans l'eau
minérale froide.

de laquelle est placée la maison des bains. Là ,
elle se confond avec les eaux de cette même
rivière qui viennent se jetter dans *Bleoune.*

Outre les sources dont il vient d'être fait
mention , plusieurs filets d'eau minérale surgis-
sent encore sur divers points du côté opposé
de la montagne , et en quelques endroits du
local qui attient la maison des bains. On trouve ,
à quelques pas de ce local , une matière saline
à l'existence de laquelle donne lieu l'évaporation
spontanée de l'eau minérale qui filtre à travers
quelques rochers. Cette matière saline est sur-
tout apparente pendant l'été , parce que l'eau
minérale se volatilise alors plus promptement.
L'examen auquel je l'ai soumise m'a démontré
qu'elle se compose de muriate de soude , de
sulfate de soude et de sulfate magnésien. On
reconnait facilement ces deux premiers sels par
quelques-unes de leurs propriétés physiques ,
telles que leur saveur salée et amère, et l'état
efflorescent sous lequel ils existent. La terre
qui couvre le sol de la cour des bains contient
aussi ces substances salines ; je l'ai lessivée avec
soin , et le liquide que j'ai obtenu m'a fourni
également des cristaux de sulfate et muriate
de soude , mêlés de sulfate de magnésie. Ce
dernier composé y existe en moins grande quantité que les deux sels qui précédent ; ceux-ci

y sont abondans ; aussi se dégage-t-il beaucoup
de vapeurs muriatiques lorsqu'on jette de l'acide
sulfurique sur cette terre , et obtient-on encore
un précipité considérable en traitant , avec le
muriate barytique , l'eau qui en a éprouvé le
contact. M. *Yvan* , pharmacien à Digne , qui a
examiné plusieurs fois cette terre de la cour des
bains, en a obtenu : matière saline soluble 0,66 ;
matière insoluble 0,34. Je crois inutile d'observer qu'une si grande quantité de sels , re-
connue par ce pharmacien instruit et très-
exact, ne peut avoir d'autre cause que l'évaporation lente et souvent répétée à laquelle l'eau
minérale qui se répand sur le sol de la cour se
trouve exposée.

Si l'on examine les incrustations qui recouvrent les voûtes des bains , il est facile de se
convaincre que leur nature chimique est bien
différente de celle des substances salines que je
viens de désigner (11). Ces incrustations dont
j'ai déjà indiqué l'existence , se trouvent abon-

---

(11) *Darluc* avait admis que ces incrustations se
composaient d'un tiers de leur poids de sulfate de soude ;
mais il est vraisemblable que celles soumises à ses
expériences étaient mêlées avec diverses substances salines prises sur les bords des bains , et provenant de
l'évaporation de l'eau minérale.

damment sur la voûte du bain St. Jean et sur celle du bain St. Gilles ; elles présentent plusieurs petits cristaux presqu'insipides , insolubles dans l'eau , et que l'analyse fait reconnaître pour du sulfate calcaire et du sulfate d'alumine. Je n'ai pu apercevoir sur ces incrustations aucun atome de soufre , quoique *Ricavi* dise y avoir trouvé cette substance. J'ajouterai qu'elles ne m'ont présenté aucun caractère d'acidité , caractère qu'offrent quelquefois des cristaux salins recueillis sur les voûtes des lieux qui recèlent les sources des eaux sulfureuses. Un seul fait qui fixe l'attention de l'observateur à l'égard de ces incrustations salines , c'est l'état régulier sous lequel on y trouve le sulfate de chaux. On sait que l'art ne peut parvenir à rendre ce sel transparent , et à lui donner des formes régulières ; ici , au contraire , la nature réunit par le laps de tems , les circonstances qui déterminent sa cristallisation et sa transparence parfaite. Je reviens aux eaux minérales.

L'eau minérale de Digne, quoique fournie par plusieurs sources , présente les mêmes propriétés. Ces sources ne tarissent point, et d'après les renseignemens que j'ai recueillis, elles éprouvent peu l'influence des saisons. Le propriétaire des bains m'a dit pourtant avoir observé que la quantité

quantité d'eau qu'elles fournissent variait après plusieurs jours d'une pluie abondante. Sous ce dernier rapport, je crois utile d'observer que les eaux minérales dont je vais énoncer les propriétés physico-chimiques, ont été puisées à leur source à une époque où elles ne comportaient point l'inconvénient qui pourrait résulter de leur accrétion par des pluies abondantes. (12).

CARACTÈRES DES EAUX MINÉRALES.

CARACTÈRES PHYSIQUES.

Les caractères extérieurs des eaux de Digne suffisent pour qu'on distingue, au premier aspect, ces eaux minérales des eaux communes. Leur odeur, leur saveur et leur température démontrent même qu'elles doivent produire dans l'économie animale des effets très-sensibles.

---

(12) La plupart de mes expériences ont été faites à Digne, en présence de M. *Frison*, docteur en chirurgie, inspecteur des eaux minérales, et de M. *Yvan*, pharmacien : je remercie ce dernier d'avoir bien voulu faciliter mon travail, en me permettant de disposer de son laboratoire. Je prie M. *Frison* d'agréer aussi mes remercîmens pour les observations utiles qu'il m'a communiquées.

Les observations que je vais énoncer relativement à ces eaux, ont été faites à leur source. Voici les faits que j'ai recueillis à l'égard de leurs propriétés physiques.

L'eau minérale de Digne est parfaitement limpide et incolore, et elle ne louchit point lorsqu'on la garde dans des bouteilles bien bouchées. Elle dépose néanmoins quelquefois des traces d'une matière filamenteuse qui s'y trouve divisée, et de laquelle je parlerai ailleurs. De l'eau minérale que j'ai gardé pendant plusieurs semaines, et dans laquelle cette matière ne se trouvait pas, n'a rien déposé et a conservé sa transparence.

L'eau minérale de Digne joint à sa limpidité une odeur qui se manifeste d'une manière bien tranchée. Cette odeur ne laisse aucun doute sur la présence du gaz hydrogène sulfuré qui s'y trouve contenu, et que l'on reconnaît même lorsqu'on s'approche de la maison des bains.

La saveur bien caractérisée qu'offrent les eaux de Digne décèle également une combinaison sulfureuse; aussi, tous ceux qui ont examiné à leur source ces eaux minérales, y ont généralement admis l'existence du soufre. Cette saveur est moins sensible si l'on examine ces eaux refroidies. Dans ce dernier cas, on y distingue un goût fade et légèrement salé, goût qui se

manifeste plus particulièrement lorsque l'eau
minérale se trouve entièrement privée d'hydrogène sulfuré par le contact de l'air.

La température de ces eaux minérales, ap-
préciée avec le thermomètre réaumurien, est
de 35 degrés au maximum. Toutes les sources
ne présentent point la même température. Le
contact plus ou moins prolongé des eaux minérales avec l'air atmosphérique et l'espace varié
que ces eaux parcourent pour se rendre dans
les bains, occasionnent nécessairement une différence dans leur état calorimètrique. Voici à
ce sujet, les résultats de l'observation :

DÉSIGNATION DES SOURCES et BAINS.	Température.
Fontaine placée dans la cour	33 ^{d} 1|2
Source du Bain St. Jean	34
Eau de l'Étuve fournie par la même source.	35
Source du Bain St. Gilles	34
Bain des Vertus, sous la source même.	28
Au centre du même Bain	27
Source dans la cour, à côté de la fontaine. .	35

Je dois observer que mes expériences ther-
mométriques ont été faites toutes en même
tems. Le thermomètre marquait alors 13 degrés.

La densité de ces eaux minérales comparée
à celle de l'eau distillée, offre peu de diffé-
rence à l'aréomètre de *Baumé*. Ce dernier ins-
trument que j'ai plongé dans l'eau minérale
refroidie, a marqué 3¡4 de degré.

CARACTÈRES CHIMIQUES.

Je n'énoncerai point les résultats de tous les
réactifs que j'ai employés pour reconnaître les
caractères chimiques des eaux de Digne. Je me
bornerai à faire connaître l'action qu'exercent
sur ces eaux minérales, les substances dont
l'énocé suit :

Le sirop violat mêlé avec l'eau minérale perd
à l'instant sa couleur bleue, et paraît tourner
légèrement au vert (13).

---

(13). Cette altération du sirop violat ne pouvant être
attribuée à un alcali, comme on le verra bientôt, est
due sans doute aux substances salines que contient l'eau
minérale. Quant au gaz hydrogène sulfuré dont la
propriété de rougir quelques couleurs bleues végétales,
est connue, il n'est point douteux que son inaction
apparente sur le sirop violat que j'ai employé, ne re-
connaisse pour cause la petite quantité sous laquelle ce
gaz se trouve dans l'eau que j'ai soumise à mes essais.

L'acide sulfurique à 66 degrés , dégage quelques petites bulles des eaux minérales ; il n'en trouble point la transparence et n'y occasionne aucun précipité de soufre.

L'acide muriatique oxigéné détruit rapidement leur odeur , et l'on observe qu'une très-petite quantité d'acide produit cet effet. Dans ces expériences , ces eaux minérales conservent leur limpidité.

Une solution de chaux trouble ces eaux tout-à-coup. Elle y donne lieu à la formation de divers flocons qui se déposent lentement , et que les acides acétique et sulfurique attaquent avec effervescence.

Le prussiate de chaux n'y exerce aucune action qui indique la présence du fer. L'acool gallique n'y décèle pas non plus la présence du même métal. On observe qu'une noix de galle qu'on laisse dans l'eau minérale pendant vingt-quatre heures , communique à celle-ci une couleur verdâtre très-intense (14).

_____

(14) Cet effet a porté quelques personnes qui se sont occupées depuis peu de tems des eaux de Digne , à admettre dans ces eaux minérales la présence du fer ; mais si l'on interroge avec soin l'expérience , il est facile de se convaincre que cette substance n'y existe point. Cette assertion dérive naturellement des faits dont l'énoncé suit : j'ai divisé une noix de galle en plusieurs

L'acétate de plomb liquide ajouté aux eaux minérales produit une substance insoluble, très lourde et d'une couleur brunâtre.

Le nitrate d'argent y forme un précipité qui se dépose promptement. Ce précipité est caille-boté et coloré en brun.

Les oxi-plumbures de potasse et de soude y font naître sur-tout des précipités dont la cou-leur est très-brune ; ainsi que les deux réactifs précédens, ils rendent très-sensible la présence du soufre.

---

parties ; chacune des parties de cette noix de galle a macéré isolément pendant vingt-quatre heures ; dans divers volumes égaux d'eau minérale, d'eau commune et d'eau distillée. J'ai réuni les mêmes circonstances à l'égard de chacune de ces macérations, et j'ai observé que la même couleur verte, produite dans l'expérience citée, se manifestait également dans l'eau commune et dans l'eau minérale. L'eau distillée m'ayant offert néanmoins sous le rapport de cette couleur, une différence bien tranchée, j'ai voulu constater la cause de cette diffé-rence. J'ai donc placé une noix de galle dans de l'eau distillée où j'avais préalablement dissous divers sels existans dans les eaux de Digne, et en examinant ensuite ce liquide, ainsi que diverses eaux factices pré-parées avec chacun de ces sels isolément, j'ai reconnu que les carbonates terreux contenus dans les eaux mi-nérales soumises à mes expériences, occasionnaient la couleur que j'ai indiquée.

Une solution d'hyper-oxi-muriate mercuriel indique dans ces eaux la même substance.

Le muriate de baryte les louchit instantanément. Son action y fait naître un produit que l'acide nitrique ne dissout pas.

L'oxalate ammoniacal les trouble et décèle très-sensiblement la présence de la chaux.

Il résulte de ces expériences, qu'il existe dans les eaux minérales de Digne,

De l'hydrogène sulfuré,

De l'acide sulfurique,

De l'acide carbonique,

De la chaux

Et de la magnésie.

Mais, cette analyse par les réactifs ne pouvant faire reconnaître la nature de ces eaux que d'une manière approximative, il reste à déterminer quelles sont les combinaisons que ces substances forment entr'elles, et dans quelles proportions elles y existent. Pour parvenir à ce but, j'ai d'abord soumis à l'évaporation l'eau minérale traitée par les réactifs désignés ; et le premier soin que j'ai eu a été celui d'évaluer la quantité de gaz contenu dans une masse déterminée de ce liquide.

Appréciation du gaz hydrogène sulfuré.

J'ai placé un kilogramme d'eau minérale, à
son issue de la source, dans une cornue de
verre ; j'ai adapté à cette cornue un long cilindre qui contenait une dissolution d'acétate
de plomb avec excès d'acide acétique. L'ap-
pareil étant parfaitement luté et disposé d'une
manière convenable, j'ai soumis à l'action du
calorique le liquide contenu dans la cornue,
jusqu'à ce que le gaz hydrogène sulfuré se fut
dégagé. L'isolement entier de ce gaz ayant
eu lieu, j'ai filtré, avec soin, le liquide
contenu dans le cilindre, afin de séparer la
matière insoluble et brunâtre qui s'était formée
pendant l'opération. J'ai ainsi obtenu de l'hydro-sulfure de plomb oxidé, dont le poids
était de deux grains. Pour me convaincre de
l'exactitude de cette première expérience, j'ai
opéré de nouveau sur un kilogramme d'eau
minérale, et le résultat a été le même. Un
kilogramme de cette eau fournit donc la quantité d'hydrogène sulfuré nécessaire à la formation de deux grains d'hydro-sulfure de plomb
oxidé ; et dix-neuf grains de cette dernière
substance correspondant à dix pouces cubiques
de gaz hydrogène sulfuré, il est démontré qu'il

existe dans un kilogramme d'eau minérale un
pouce cubique de ce dernier gaz (15).

Appréciation des substances salines.

J'ai fait évaporer dans un vase convenable
10 kilogrammes d'eau minérale. Cette évaporation m'a présenté les effets suivans : l'eau
minérale exposée pendant une heure à l'action
du calorique a exhalé d'abord l'odeur de l'hydrogène sulfuré, et elle s'est légèrement troublée;
chauffée plus long-tems, elle n'a pas louchi
davantage. Une légère pellicule s'est formée à
la surface du liquide, et celui-ci rapproché, a
présenté une saveur très-salée. La présence du
muriate de soude dans l'eau minérale est de-
venue fort sensible par cette même saveur qu'of-
frait encore la croûte saline qui s'est manifestée
sur les parois du vase évaporatoire. Entièrement
vaporisée, l'eau soumise à l'expérience a fourni
un produit peu hygrométrique, d'un blanc gri-
sâtre, dont la saveur était salée, et pesant 38

---

(15) Les proportions d'hydrogène sulfuré que j'indique dans l'hydro-sulfure de plomb oxidé, sont celles
de *Westrumb* (Annales de Chimie 1807) ; d'après ces
proportions, la quantité d'acide carbonique admise dans
un kilogramme d'eau minérale de Digne, comporte une
fraction, mais j'ai cru devoir la négliger.

grammes 3 décigrammes. J'ai traité ce produit
avec l'alcool, l'eau distillée froide, l'acide muriatique, l'eau bouillante. Voici les résultats que
j'ai obtenus.

Action de l'alcool.

J'ai lavé à plusieurs reprises avec 150 grammes
d'alcool bien rectifié le produit salin que je viens
de désigner. Ce même produit pesant 38 grammes 3 décigrammes, a offert seulement 34 grammes et 8 décigrammes après l'action de l'alcool ;
il a perdu conséquemment 3 grammes et 5 décigrammes de son poids. Pour reconnaître la
nature chimique des substances enlevées par
l'alcool, j'ai vaporisé ce dernier liquide ; le
résidu que celui-ci m'a fourni était jaunâtre et
d'une saveur amère ; je l'ai dissous dans l'eau
distillée, et cette eau soumise à l'action de
quelques réactifs a présenté les effets suivans :
le nitrate d'argent y a formé un précipité caillé-
boté ; l'eau de chaux en a séparé de la magnésie ;
le muriate de baryte ne l'a point troublée. L'absence du muriate de chaux y a été démontrée
par l'inaction de l'oxalate ammoniacal. Je dois
ajouter que ce résidu traité par l'acide sulfurique laissait dégager des vapeurs muriatiques.
Ces expériences démontrent évidemment que
le sel dissous par l'alcool n'est que du muriate

magnésien. J'observe aussi que l'évaporation de la
liqueur alcoolique n'a pas fourni seulement cette
substance saline. J'ai encore séparé pendant
cette évaporation 6 décigrammes de sel marin
ou muriate de soude. L'alcool a donc dissous
6 décigrammes de muriate de soude et 2 grammes 9 décigrammes de muriate magnésien.

Action de l'eau.

Les substances salines que l'alcool n'a pu dis-
soudre ont été traitées avec huit fois leur poids
d'eau distillée ; dans cette opération ; leur
poids qui était de 34 grammes 8 décigrammes
a été réduit à 5 grammes 8 décigrammes. L'eau
distillée a donc dissous 29 grammes de sels.
Cette dissolution était incolore ; elle avait un
goût salé ; l'eau de chaux en précipitait de
la magnésie. Pour reconnaître la nature et la
quantité des sels qui y étaient contenus ; je l'ai
divisée en trois parties égales. Une partie de
cette dissolution a été d'abord mêlée avec du
carbonate de potasse en liqueur que j'ai employé avec excès. Ce mélange liquide étant
filtré, j'ai eu pour résultat une quantité de
carbonate de magnésie ; qui, ajoutée à celle
existante dans les deux parties de la dissolution
saline non décomposée, a représenté 25 dé-

cigrammes de sulfate magnésien. La seconde
partie de la dissolution a été évaporée lentement ; rapprochée au point convenable, elle
a fourni par le repos des cristaux bien formés
que leurs caractères extérieurs ont fait reconnaître pour du sulfate et du muriate de soude ;
j'ai dégagé de l'acide muriatique des cristaux
cubiques de ce dernier sel, à l'aide de l'acide
sulfurique que j'ai employé ; les cristaux pris-
matiques que j'ai obtenus avaient une saveur
fraîche, salée et amère. Le nitrate de baryte
les précipitait fortement. Ces sels étant reconnus
sous le rapport de leur nature chimique, j'en ai
déterminé les proportions. J'ai dissous dans un
volume convenable d'eau distillée 10 grammes
de sulfate de soude bien sec ; j'ai précipité cette
dissolution avec du nitrate de baryte également
dissous dans l'eau distillée, et la quantité décomposée de cette dernière liqueur m'a présenté
une base que j'ai admise pour l'expérience suivante : j'ai versé du nitrate de baryte liquide,
dont je parle, sur la troisième partie de la dissolution saline, provenant de l'action de l'eau
distillée sur le résidu traité par l'alcool ; cette
affusion a eu lieu, ainsi que dans l'expérience qui
précède, jusqu'à ce que le mélange des deux
liquides n'ait plus louchi, et j'ai réuni les mêmes
circonstances à l'égard de ces décompositions.

En comparant les résultats de ces deux expériences, il m'a été démontré que la quantité de sulfate de soude contenu dans les trois parties de la dissolution saline était de 9 gram. 2 déc. et 5 centig. (16). Il existait donc dans cette dissolution 17 gram. 8 déc. 5 centig. de muriate de soude.

Action de l'acide muriatique.

L'acide muriatique que j'ai versé sur le résidu pesant 5 gram. 8 décigr. a produit une vive effervescence et a dégagé de l'acide carbonique. J'ai laissé agir pendant quelque-tems l'acide muriatique, et j'ai étendu le tout d'eau distillée qui a été ensuite filtrée avec soin. La substance insoluble pesait 3 gram. 2 déc. Il s'est dissous en conséquence dans l'acide muriatique 2 gram. 6 décigr. de cabonate terreux. Pour reconnaître les proportions de chacun de ces derniers sels, j'ai ajouté de l'ammoniaque à la dissolution muriatée, et il s'est formé un précipité de magnésie. Convaincu que cette dernière substance n'exis-

---

(16) Le nitrate de baryte étant également décomposable par le sulfate de soude et le sulfate magnésien, j'ai précipité la magnésie avec l'eau de chaux, afin de faire disparaître l'erreur que l'expérience aurait occasionnée. J'ai ainsi formé du sulfate calcaire et l'ai séparé en rapprochant convenablement le liquide à l'aide du calorique.

tait plus dans la dissolution précipitée, j'ai filtré le liquide et j'ai ajouté de nouveau une dissolution de carbonate de potasse ; l'addition de ce dernier réactif a donné naissance à la formation d'un gramme 7 décigrammes de carbonate calcaire. Le résidu soumis à l'expérience contenait donc 9 décigram.^{es} de carbonate magnésien.

Action de l'eau bouillante.

J'ai fait bouillir dans 600 parties d'eau pure les 3 grammes et 2 décigrammes que l'alcool, l'eau froide et l'acide muriatique n'avaient pas dissous. L'eau employée a opéré presque en entier la dissolution de la matière soumise à l'expérience, et j'ai obtenu seulement pour résidu, une très-petite quantité de corps étrangers et quelques parcelles d'une substance que j'ai indiquée en parlant des propriétés physiques des eaux minérales (17). Ces substances étant peu

---

(17) Les eaux de Digne entraînent plusieurs flocons glaireux que leurs propriétés rapprochent des matières animales. Ces flocons qui s'y trouvent suspendus en plus ou moins grande quantité, existent abondamment sur le sol des bains, et tapissent les parois des divers conduits qui reçoivent les eaux minérales. On les trouve dans la plupart des eaux minérales sulfureuses, chaudes et froides: les eaux minérales froides des Camoins, à deux lieues de Marseille, et où l'analyse démontre la présence du sulfure hydrogéné de chaux, contiennent cette matière animale floconeuse.

appréciables, je crois pouvoir les négliger. J'ai traité la dissolution aqueuse avec divers réactifs, et elle s'est comportée de la manière suivante : l'ammoniaque n'y a produit aucun effet sensible ; le muriate de baryte l'a troublée promptement ; l'oxalate ammoniacal l'a louchie tout-à-coup ; l'acétate de plomb y a formé un précipité abondant. Plusieurs essais m'ont convaincu que la dissolution examinée ne contenait que du sulfate de chaux.

Il résulte des diverses expériences, dont l'énoncé précède, que 10 kilogrammes des eaux minérales soumises à l'analyse, contiennent les substances suivantes :

Gaz hydrogène sulfuré dix pouces cubiques.

Muriate magnésien.	2 gram.	9 décigr.	0 centigr.
Sulfate magnésien .	2	5	0
Sulfate de soude. .	9	2	5
Muriate de soude .	17	8	5
Carbonate calcaire .	1	7	0
Carbonate magnésien	0	9	0
Sulfate de chaux . .	3	2	0

38 gram, 3 décigr. 0 centigr.

On doit ajouter à ces substances salines la quantité d'acide carbonique libre qui rend solubles les carbonates terreux. D'après quelques expériences que j'ai faites , j'estime à environ deux pouces cubes la quantité d'acide carbonique contenu dans un kilogramme d'eau.

Tels sont les composés que l'analyse fait reconnaître dans les eaux minérale de Digne. Désirant seulement d'être utile, j'aurai atteint mon but , si mon ouvrage n'est pas dénué de tout intérêt.

42

www.ingramcontent.com/pod-product-compliance
Lightning Source LLC
Chambersburg PA
CBHW060502210326
41520CB00015B/4069